Société d'Agriculture
DE L'ALLIER

RAPPORT

Présenté à la Société

*Sur l'étendue d'application des Lois des 9 août 1898
et 30 juin 1899 en matière agricole (Accidents)*

PAR

MM. A. MÉPLAIN, bâtonnier de l'ordre des Avocats du barreau
de Moulins

et A. BONNETON, Avocat au barreau de Moulins.

MOULINS

CRÉPIN-LEBLOND, IMPRIMEUR-ÉDITEUR
Avenue de la Gare, 14

—

1901

RAPPORT

Présenté à la Société

Sur l'étendue d'application des Lois des 9 août 1898
18 juin 1899 en matière agricole (Accidents)

Par MM. A. MÉPLAIN, bâtonnier de l'ordre des Avocats du
barreau de Moulins

et A. BONNETON, avocat au barreau de Moulins.

MESSIEURS,

Vous nous avez chargés de rechercher qu'elle peut
être la marche à suivre pour obtenir qu'une juris-
prudence bien précise détermine exactement le degré
de la responsabilité encourue par les propriétaires,
lorsqu'il survient des accidents aux ouvriers employés
à la journée, chez eux ou chez leurs métayers.

Cette question étant complexe et dépendant
entièrement de l'étendue d'application des lois du
9 avril 1898 et 30 juin 1899, il nous a paru intéressant d'examiner dans son ensemble la situation
qu'elles ont créée aux agriculteurs.

I. — PRINCIPE GÉNÉRAL

Un principe domine la matière : la théorie du risque professionnel se présente comme un système général, susceptible de recevoir une application absolue sans limitation et sans exception ; donc il doit logiquement s'appliquer à l'industrie agricole et servir de règle à la réparation des accidents dont ses travaux peuvent être l'occasion.

« Ainsi compris, » — dit M. Jules Cabouat, professeur à l'Université de Caen, dans le remarquable article qu'il publie dans le recueil des *Lois nouvelles* de Schaffhauser (1), — « le système du risque professionnel « eût dû logiquement saisir l'industrie agricole et « servir de règle à la réparation des accidents dont « ses travaux peuvent être l'occasion ; mais, princi- « palement déterminé par le désir de protéger les « ouvriers contre les accidents du machinisme et des « dangers nouveaux, nés de l'emploi de forces « supérieures à celle de l'homme, le risque profes- « sionnel devait être limité aux seules industries où « l'expérience conseillait de protéger les travailleurs, « à raison de l'intensité des risques résultant de « l'emploi des méthodes modernes du travail.

« Or, il semblait bien qu'à ce point de vue « l'agriculture dût échapper en principe aux prises du « système nouveau établi pour la responsabilité des « chefs d'industrie et qu'elle ne dût y être soumise « qu'autant qu'ayant recours elle-même aux procédés

(1) Emile Schaffhauser, *Lois nouvelles*, année 1899, page 341.

« modernes du travail, elle emploie des machines de
« nature à créer des dangers nouveaux contre lesquels
« il est tout aussi urgent de protéger les travailleurs
« de l'agriculture que ceux de l'industrie proprement
« dite. Aussi n'était-ce qu'à titre tout exceptionnel et
« dans cette mesure limitée, que l'industrie agricole
« devait être régie par le système de l'article 1er de la
« loi du 9 avril 1898. Quant aux accidents agricoles,
« ils sont, de nos jours encore, ce qu'ils ont été de
« temps immémorial, soit qu'ils résultent du fait des
« animaux ou de l'emploi des instruments aratoires
« que les travailleurs des champs ont à soigner,
« diriger ou utiliser pour leurs travaux, soit qu'ils se
« produisent à l'occasion de travaux dangereux en
« soi, tels que par exemple l'élagage des arbres ou
« toute autre opération exposant l'ouvrier des champs
« à des chutes plus ou moins graves, il demeurait
« entendu que ceux-là restent en dehors du domaine
« de la loi nouvelle, et non seulement parce qu'en
« somme, ils ne correspondent à aucun risque nouveau
« qu'il paraisse nécessaire de conjurer plutôt à notre
« époque qu'à toute autre, mais aussi parce que les
« défenseurs de l'agriculture redoutent pour les
« cultivateurs la création des charges nouvelles de
« nature à augmenter les frais d'exploitation et à
« aggraver encore les difficultés de la crise où ils
« se débattent. »

La conclusion de cet exposé, c'est qu'en principe
la théorie du risque professionnel ne s'applique pas à
l'agriculture ; il suffit, en effet, de parcourir les
discussions qui se sont élevées à ce sujet devant le

Sénat et la Chambre des députés pour s'en convaincre.
Voici, en effet, comment MM. Nadaud et Girard
envisagent la situation de l'agriculture au point de
vue de la réparation des accidents du travail :

« Les conditions du travail agricole proprement dit
« sont demeurées ce qu'elles étaient, lors de la
« promulgation du code. Aujourd'hui comme alors,
« l'ouvrier agricole échappe aux éventualités qui
« menacent l'ouvrier des usines, obligé, celui-ci, de se
« mouvoir soit au milieu des machines, soit au milieu
« d'une grande agglomération de travailleurs. Toute-
« fois, cela n'est vrai qu'au regard du travail agricole
« proprement dit. Là où, sur l'entreprise, on greffe une
« entreprise manufacturière, distillerie, sucrerie, etc.,
« l'ouvrier agricole est exposé aux mêmes risques que
« l'ouvrier des manufactures. Il doit être également
« protégé. »

M. Tolain est plus explicite encore si on peut
l'être (1) :

« L'honorable M. Fresneau, disait-il, semble croire
« que la loi que nous discutons englobera l'universalité
« des travailleurs agricoles. *C'est une erreur complète,*
« *absolue.* L'immense majorité des travailleurs
« agricoles ne tombera pas sous l'applcation de la loi.
« Notre honorable collègue parlait tout à l'heure de
« bœufs, de chevaux qui servent à l'agriculture et qui
« peuvent causer des accidents, des blessures aux
« travaileurs. Cela ne tombe pas — je le dis immé-

---

(1) Sénat : séance du 8 mars 1898. Discours de MM. Fresneau
et Tolain. Débats parlementaires, pages 280 et suiv.

« diatement, pour bien préciser la pensée de la
« commission et l'aspect de la loi, — sous le coup des
« dispositions qu'elle renferme. Nous n'avons eu, en
« aucune façon, l'intention d'englober la majorité des
« travailleurs agricoles ; ceux qui tombent sous le
« coup de la loi, ce sont ceux qui se servent, non pas
« même de moteurs mûs par les animaux, ce que
« nous appelons les moteurs animés, mais uniquement
« de moteurs inanimés comme la vapeur, le vent. »

Mais alors, allez-vous nous dire, nous sommes
bien tranquilles ; un principe aussi bien établi doit
nous mettre, nous agriculteurs, absolument en dehors
de toute responsabilité du risque professionnel.
Détrompez-vous, messieurs : Ce principe reçoit des
exceptions, et comme souvent, en pareille matière, les
exceptions sont telles que le principe disparaît, noyé
qu'il est dans les difficultés qu'elles soulèvent.

Aussi, à notre avis, y a-t-il deux cas à examiner :
le premier concerne la situation de l'agriculteur au
point de vue de sa profession d'agriculteur ; le second
s'applique à l'agriculteur occupant des ouvriers dans
les bâtiments de son exploitation pour des travaux
autres que des travaux agricoles. Envisageons donc
successivement chacun de ces cas, et voyons qu'elle
est l'étendue de la responsabilité de l'agriculteur dans
chacun d'eux.

II. — L'AGRICULTEUR CONSIDÉRÉ EXCLUSIVEMENT AU POINT DE VUE DE SA PROFESSION

Une subdivision s'impose immédiatement :

1º L'agriculteur ne possède pas de moteur inanimé.

2º L'agriculteur possède un ou plusieurs moteurs inanimés.

§ I. — L'AGRICULTEUR NE POSSÈDE PAS DE MOTEUR INANIMÉ.

Le principe, par nous exposé au début de ces explications, reçoit son entière application : l'agriculteur n'est pas, en l'absence d'une faute personnelle, responsable des accidents survenus dans son exploitation. Il n'encourt en aucune façon la responsabilité des risques établis par les lois du 9 avril 1898 et 30 juin 1899.

Les établissements ou, pour employer une expression plus juste, les exploitations qu'il dirige, échappent par la nature même de leurs travaux au système du risque professionnel. La loi de 1898 n'y assujettit les exploitations qu'à raison de l'emploi d'engins mécaniques pouvant créer des dangers spéciaux.

Les travaux législatifs ne laissaient aucun doute à cet égard, et la loi de 1899 a confirmé cette opinion. « Les travaux agricoles proprement dits, dit M. Ca- « bouat, se trouvaient formellement exclus du domaine « d'application de la loi nouvelle, ainsi d'ailleurs que « les accidents dûs à l'emploi de machines agricole « actionnées à bras d'hommes ou par les animaux

« telles que faucheuses, moissonneuses, batteuses, etc.;
« l'application de risque professionnel étant formelle-
« ment limitée à l'agriculture en tant que les accidents,
« dont ses travaux sont l'occasion, peuvent être direc-
« tement rattachés à la mise en œuvre de substances
« explosives ou à l'emploi de machines mues par
« une force autre que celle de l'homme ou des ani-
« maux (1). »

L'agriculteur n'est responsable que dans les conditions du droit commun, c'est-à-dire dans les termes
de l'article 1382 du Code civil, lequel est ainsi conçu :
*Tout fait quelconque de l'homme qui cause à autrui
un dommage, oblige celui, par la faute duquel il est
arrivé, à le réparer.*

Mais alors, pour qu'il y ait lieu à responsabilité de
l'agriculteur, il faut qu'il y ait faute ou imprudence de
sa part, ou bien que l'une des conditions prévues par
le Code civil soit remplie, auxquels cas les tribunaux
n'alloueront point l'une des indemnités fixées par les
lois précitées, mais telle indemnité qui leur paraîtra
raisonnable et suffisante pour réparer le préjudice
causé.

La question paraît tranchée, et cependant une première objection apparaît immédiatement à l'esprit ;
une difficulté d'interprétation de la loi se présente dès
maintenant. Supposons, en effet, que certains travaux
agricoles, tels que ceux de battage, de défonçage et de
distillation ou autres, soient effectués à l'aide de
moteurs, sans cependant que ces moteurs appartiennent

(1) *Lois nouvelles*, page 344.

à l'agriculteur. Exemple : l'agriculteur est propriétaire d'une batteuse, d'une défonceuse ou d'un pressoir continu ; il loue, pour actionner son instrument, une machine à vapeur à tant par jour ; le propriétaire de ce moteur ne vient pas le conduire lui-même, il le fait conduire par l'un de ses préposés, qui est rémunéré directement par le propriétaire du matériel. Qui sera responsable en cas d'accident ? Où est le chef d'entreprise, l'exploitant, d'après les termes de la loi ? Il suffit de se bien pénétrer des termes de la loi de 1899, pour se rendre compte de ce fait que le doute est plutôt apparent que réel ; la personne responsable est bien le propriétaire du moteur, d'après la loi du 30 juin 1899 qui décide que « les accidents occasionnés par l'emploi d'un moteur inanimé sont à la charge de l'exploitant dudit moteur », et le texte poursuit : « est considéré comme exploitant l'individu qui dirige le moteur ou le fait diriger par ses préposés ».

Nous pouvons donc conclure, d'une façon précise et indiscutable, que toutes les fois que l'agriculteur ne possède point de moteur inanimé, il n'est aucunement responsable, dans les termes de la loi de 1898, des accidents occasionnés par les machines mues par ces moteurs. Les accidents qui surviennent chez lui sont à la charge de l'exploitant du moteur.

§ 2. — L'Agriculteur possède un moteur inanimé qui fait mouvoir ses instruments agricoles.

La responsabilité commune, elle existe de par les

lois de 1898 et 1899, par le fait même que l'accident est survenu et sans qu'il soit besoin pour la victime de prouver qu'il y a eu faute et imprudence de la part du propriétaire du moteur. Les rôles sont renversés : par le fait seul de l'accident, la victime a droit à une indemnité dont la quotité est fixée à l'avance par la loi et qui est souvent considérable, et, s'il y a eu faute de la part de la victime, la pension fixée par la loi devra néanmoins lui être attribuée, mais les tribunaux auront le droit d'en réduire la quotité. Encore faudrat-il que cette faute soit jugée inexcusable par le tribunal... Et la preuve de cette inexcusabilité de la victime est mise à la charge de l'exploitant du moteur.

Quelles sont maintenant les dispositions légales qui s'appliquent en cas d'accidents ? Elles sont toutes contenues, en matière agricole, dans l'article unique de la loi du 30 juin 1899, dont voici le texte :

« Article unique. — Les accidents occasionnés par « l'emploi de machines agricoles mues par des mo- « teurs inanimés et dont sont victimes, par le fait ou à « l'occasion du travail, les personnes, quelles qu'elles « soient, occupées à la conduite ou au service de ces « moteurs ou machines, sont à la charge de l'exploi- « tant dudit moteur.

« Est considéré comme exploitant l'individu ou la « collectivité qui dirige le moteur ou le fait diriger « par ses préposés. »

Au premier abord, il semble que la clarté du texte soit telle qu'aucune interprétation ne soit possible ; c'est une erreur. Ces mots « *les personnes occupées à la conduite et au service des moteurs ou machines* »

ont une élasticité telle que l'incertitude naît immédiatement. Les Tribunaux eux-mêmes hésitent encore
sur l'étendue de leur application et, avec eux, les
hommes les plus compétents restent dans le doute. A
la Société des Agriculteurs de France, la question est
immédiatement posée ; à la Section d'Economie et de
Législation rurale, on l'agite et on la discute. M. Le
Marois s'émeut : « Dans le cas, dit-il, où ces moteurs
« existent, quelle est l'étendue de la responsabilité de
« l'agriculteur ? Est-il responsable de tous les acci-
« dents du travail, quelle qu'en soit la cause, ou de
« ceux-là seulement qui proviennent de l'emploi des
« moteurs ? »

M. Cabouat, dans le remarquable article que nous
vous citions tout à l'heure, étudie cette objection à
fond, et voici comment il la résout :

« Pour poser la question sous une forme concrète,
« à supposer qu'un moteur à vapeur soit employé dans
« une ferme, doit-on décider non seulement, ce qui
« est le texte même de la loi, que les accidents causés
« par le fonctionnement de ce moteur seront réparés,
« dans les conditions fixées par l'article premier, mais
« ajouter encore que tous ceux qui pourraient prove-
« nir de l'emploi d'une faucheuse ou d'une moisson-
« neuse actionnée à bras d'homme ou par des animaux,
« et de façon générale de tout accident lié à une
« occupation agricole quelconque, seront soumis au
« même régime ?

« Au fond, il s'agissait donc de savoir si l'appli-
« cation du risque professionnel, motivée par l'emploi
« d'un moteur rentrant dans les termes de l'article

« premier, devait être restreinte aux accidents causés
« par ledit moteur, ou si, une fois introduit dans la
« ferme, le risque professionnel ne devait pas, au
« contraire, recevoir, ainsi que cela est d'ailleurs
« admis pour toute exploitation ou partie d'exploita-
« tion non agricole, une application beaucoup plus
« étendue et dépassant de beaucoup l'action des causes
« auxquelles il devait son introduction.

« Ainsi reparaissaient les craintes formulées par
« M. Sébline à l'endroit d'une interprétation extensive
« des conditions d'application du risque professionnel,
« et cette fois, ces craintes paraissaient d'autant plus
« fondées que non seulement les amendements qui
« auraient pu les dissiper avaient été formellement
« rejetés, mais qu'en outre le texte de l'article premier
« semblait formellement autoriser cette conséquence,
« car, d'après la lettre de la loi, tout accident survenu
« par le fait ou *à l'occasion* du travail dans une
« entreprise où il est fait usage d'un moteur méca-
« nique, semblait soumis au régime de l'article pre-
« mier, ce qui paraissait comprendre tout accident,
« indépendamment du caractère spécial de la cause à
« laquelle il doit être matériellement rapporté, et par
« suite, non seulement ceux qui se rattachent directe-
« ment à l'emploi dudit moteur, mais même tous
« ceux qui peuvent survenir à l'occasion d'un travail
« accompli dans la ferme.

« Rien de plus contraire à la notion du risque pro-
« fessionnel dans son application à l'agriculture, que
« cette étendue virtuelle d'application, absolument
« contraire à de formelles déclarations paraissant bien

« refléter la pensée du législateur ; car, disait fort
« justement dès 1895, M. Sébline : « Ce qui constitue
« le risque professionnel, c'est le fait d'employer cer-
« tains instruments ; jamais on n'a pensé à imaginer
« le risque professionnel tant que la vapeur et les
« moteurs inanimés ne se sont pas répandus dans le
« monde ; je comprends très bien que, ayant admis
« le risque professionnel, vous l'introduisiez dans la
« ferme, quand ces mêmes moteurs s'y trouvent,
« mais que vous ne l'y introduisiez que pour ces
« moteurs et à l'occasion des accidents qu'ils auront
« occasionnés (1). »

« A vrai dire, tel a été le sentiment du législateur
« de 1898, du moins en ce qui concerne l'agriculture ;
« toutefois, il a suffit de la seule possibilité d'une
« interprétation contraire et de l'incertitude qu'elle
« pouvait faire peser sur l'exacte étendue des obliga-
« tions imposées par la Loi nouvelle aux chefs
« d'exploitations agricoles, pour que le législateur
« fût sollicité d'écarter par une disposition légale,
« interprétative de l'article 1er, les effets exagérés
« qu'une interprétation littérale aurait permis d'en
« extraire. »

De cette possibilité d'une incertitude est née la loi du
30 juin 1899, laquelle a été précisément votée pour
mettre l'agriculteur, propriétaire ou non d'un moteur
inanimé, à l'abri des difficultés et des procès.

La conclusion rationnelle de ces débats et du vote
de la loi du 30 juin 1899 est donc celle-ci :

(1) Sénat. Séance du 13 juin 1895. Déb. parl. 504.

Le risque professionnel admis dans certains cas en matière agricole, ne s'est introduit dans la ferme, suivant l'expression de M. Sébline, qu'avec les moteurs inanimés, mais seulement avec les accidents occasionnés par ces moteurs.

Voilà, allez-vous dire, quelque chose d'exact et de précis. Pas du tout, messieurs, et vous allez voir qu'un gros nuage a obscurci cet horizon en apparence si clair. Qu'entend-on par ces mots : les *personnes* quelles qu'elles soient, occupées à la conduite ou au service de ces moteurs ou machines ? Le mécanicien, l'engraineur, les ouvriers de toute nature employés à un service quelconque autour de la machine ?

Ecoutons M. Cabouat : « aux termes de la loi du « 30 juin 1899, les bénéficiaires de la loi ne sont pas « seulement les ouvriers salariés, mais les personnes « qui, à un titre quelconque, ont été amenées à fournir « leur concours aux opérations accomplies par les « machines et, en effet le texte est rédigé à dessein en « termes généraux dont M. Mirman a formellement « indiqué la partie toute intentionnelle lorsqu'il « disait : « ce texte : *les personnes quelles qu'elles soient,* « *occupées à la conduite ou au service de ces moteurs* « *ou machines* nous paraît répondre de façon précise « à deux préoccupations légitimes ».

« Il indique d'abord que les bénéficiaires de la loi « ne sont pas seulement les ouvriers peu nombreux, « tels que mécaniciens, chauffeurs, qui participent à « la direction et à la conduite du moteur, mais tous « les travailleurs qui, à des titres divers et parfois très « variables, au cours d'une même opération, contri-

« buent à servir la machine, lui offrant, dans le cas
« d'une batteuse, ces matières à transformer, retirant
« les matières, une fois cette transformation accomplie,
« en un mot tout le groupe de travailleurs collaborant
« de façon directe et d'un commun effort à l'opération
« qui s'exécute.

« En second lieu notre texte, par ces mots : « Les
« personnes, quelles qu'elles soient, occupées... »
« indique que ces personnes travaillant en commun,
« seront au même titre bénéficiaires de la loi « quel
« que soit d'ailleurs leur état social (1). »

Ainsi donc, M. Mirman, lorsqu'il parlait à la tribune
de la Chambre des Députés, et M. Cabouat, lorsqu'il
examinait les conséquences de la loi de 1899, croyaient
certainement tranchée d'une façon définitive cette
question de l'étendue d'application de la loi de 1899
aux personnes travaillant autour d'un moteur. Ils se
trompaient. Les tribunaux allaient se charger de les
convaincre.

Le 1er septembre 1899, un accident survenait à
Ambazac (Haute-Vienne) dans les circonstances sui-
vantes : La batteuse et son moteur fonctionnaient dans
une cour de ferme, la paille réceuillie après le battage
était rangée dans l'intérieur d'une grange attenant à
cette cour ; au cours des opérations, un ouvrier employé à la rentrée de la paille dans la grange, en
raison de la hauteur qu'il devait atteindre, monta sur
une charrette pour pouvoir faire passer avec une
fourche, aux autres ouvriers qui l'assistaient, les

(1) *Lois nouvelles*, page 357.

bottes de pailles qu'on lui apportait. Pendant qu'il se livrait à ce travail, il perdit subitement l'équilibre et fut projeté sur le sol sans qu'il fût possible de préciser la cause déterminante de sa chute. — Le Tribunal de Limoges par un jugement du 29 décembre 1899, confirmé par arrêt la Cour du 13 février 1900, a décidé que la loi du 30 juin 1899 ne s'appliquat pas en l'espèce ; qu'en effet pour qu'il y eût lieu à son application, il fallait que l'accident fût le résultat direct de l'emploi même de la machine, qu'en l'espèce la chute n'avait pas été provoquée par elle, et qu'il s'agissait là d'un accident purement agricole. — Cette décision nous paraît parfaitement juridique, elle est, à notre avis, l'application juste du texte de la loi.

Autre exemple : le 25 septembre 1899, à Argentan, un ouvrier était employé à lancer des gerbes du haut d'une meule sur la batteuse où elles étaient destinées à être battues. À un moment donné, cet ouvrier échappe sa fourche, et voulant la reprendre il tombe sur la batteuse. Le Tribunal d'Argentan décide qu'en raison des termes employés par les divers orateurs devant les Chambre lors des débats parlementaires et en présence du texte même de la loi, aucun doute n'est possible ; il admet que l'accident est survenu dans l'accomplissement d'un travail occasionné par le service de la batteuse, et il fait application de la loi du 30 juin 1899. La Cour de Caen, saisie de la question sur appel, en décide autrement ; elle infirme le jugement et décide que la loi du 30 juin 1899 ne s'applique pas, « *attendu en droit, dit l'arrêt, que la loi du 30 juin 1899, dont la veuve Divay invoque le béné-*

fice, ne reçoit son application d'après son texte précis rapproché des motifs qui l'ont inspiré, qu'autant que l'accident a eu pour cause directe le fonctionnement de la machine et est survenu à une personne préposée à la conduite ou au service de la dite machine.

« Que cette double condition ne se rencontre pas dans l'espèce ; qu'en effet, la chute de Divay, cause de sa mort, est le résultat, non de l'emploi ou du fonctionnement de la batteuse à vapeur, mais exclusivement d'un faux mouvement fait par la victime pour ressaisir un croc échappé de ses mains, la machine n'ayant joué aucun rôle dans l'événement.

« Que, d'autre part, on ne saurait considérer Divay comme préposé au service de la machine, puisqu'il ne concourait pas aux opérations mêmes du battage, son travail consistant uniquement à jeter d'une barge sur le plancher de la machine les gerbes dont un ouvrier s'emparait pour les soumettre à l'action de la machine. »

Troisième exemple : un accident à peu près semblable survient aux environs de Moulins, à Coulandon, le 22 septembre 1899 ; la seule différence qui existe, consiste en cette circonstance, que l'ouvrier victime, au lieu de tomber en essayant de reprendre sa fourche qu'il avait échappée, tombe sur l'angle de la batteuse, entraîné par son outil qu'il n'avait pu retirer de la gerbe. Dans ce cas il semble encore qu'il ne puisse y avoir aucun doute ; l'accident est bien survenu dans l'accomplissement d'un travail occasionné par le service de la batteuse. Devant le tribunal de Moulins, messieurs, l'un des rédacteurs

du présent mémoire a soutenu la thèse contraire, sans
succès il est vrai ; la décision rendue lui a donné tort ;
la loi du 30 juin 1899 reçut son application et
l'entrepreneur de battage fut condamné. Il y eut appel
et la Cour de Riom a infirmé le jugement du tribunal
de Moulins, par un arrêt du 3 décembre 1900, **qu'il**
nous paraît intéressant de faire connaître dans son
intégralité :

« *Attendu*, dit l'arrêt, *que, soit que l'on s'en tienne
à la lettre de la loi du 30 juin 1899 et à son titre, soit
que l'on consulte les travaux qui ont préparé sa
confection, on demeure convaincu que, pour appliquer
aux accidents qui se produisent par le fait ou à
l'occasion du travail agricole le principe du risque
professionnel établi dans tous les cas par la loi du
9 avril 1898, il ne suffit pas qu'il ait été fait usage
d'un moteur inanimé, d'une machine à battre ; qu'il
faut que l'accident soit le résultat direct de l'emploi
de la machine et que l'emploi de la machine soit la
cause de l'accident ;*

« *Qu'il doit exister une relation étroite entre l'accident et l'emploi du moteur ou de la machine ;*

« *Que le législateur n'a pas voulu étendre le risque
aux accidents qui, survenus au cours d'un travail
effectué à l'aide de ces instruments, sont le résultat
d'une cause indépendante de leur emploi ;*

« *Attendu que, dans l'espèce, l'accident arrivé à
Blanchet n'a pas été causé par l'emploi de la machine :*

« *Qu'il était placé sur une meule de gerbes pour
transmettre les gerbes à l'ouvrier spécialement chargé
de les faire passer dans la machine ; que, par un fait*

qui ne peut s'expliquer que par inadvertance de Blanchet ou par un effort qu'il a fait, disproportionné avec l'obstacle que lui opposait une gerbe qu'il voulait enlever au bout de la fourche, Blanchet a perdu l'équilibre, s'est laissé choir lourdement au bas de la meule, et s'est malheureusement fait de graves contusions,

« Que cet accident est si peu dû à l'emploi de la batteuse qu'il aurait pu se produire dans la confection de la meule elle-même. »

Que résulte-t-il de l'examen auquel nous venons de nous livrer ? Il semblait à première vue que l'ensemble des travailleurs occupés autour d'une machine à battre était garanti par le texte de la loi de 1899 contre tous les accidents généralement quelconques occasionnés par la conduite ou le service des moteurs inanimés, et que, seuls, faisaient exception le curieux qui s'arrêtait auprès d'elle, le passant qu'un cas fortuit ou les besoins de la conversation arrêtaient à proximité, ou enfin l'ouvrier occupé dans un champ limitrophe à un travail de culture ; les tribunaux de Limoges, d'Argentan et de Moulins avaient dit oui ; les cours ont dit : il faut distinguer.

Si l'on admet la théorie des cours d'appel, et si on accepte la possibilité des exceptions, alors nous entrons dans le domaine de l'inconnu, les circonstances productrices des accidents peuvent être diverses et nombreuses, et les décisions à prendre, étant toutes de pur fait, dépendent de l'appréciation souveraine des tribunaux.

Nous aurons donc en l'état, c'est-à-dire tant que la

Cour de cassation ne se sera pas prononcée dans sa souveraineté sur la question, à préciser la conduite qu'une telle situation impose à l'agriculteur soucieux de ses intérêts : c'est ce que nous ferons ultérieurement comme conclusion générale à l'étude que nous poursuivons.

III. — L'AGRICULTEUR OCCUPE DES OUVRIERS DANS LES BATIMENTS DE SON EXPLOITATION POUR DES TRAVAUX AUTRES QUE DES TRAVAUX AGRICOLES.

Ici, messieurs, ce n'est plus la loi du 30 juin 1899 qui reçoit son application, mais celle, générale, du 9 avril 1898, qui a créé le risque professionnel.

L'article 1er nous dit : « *Les accidents survenus par le fait du travail, ou à l'occasion du travail, aux ouvriers et employés occupés dans l'industrie du bâtiment, les usines, manufactures, chantiers... etc... donnaient droit à une indemnité... etc.*

« *Les ouvriers qui travaillent seuls d'ordinaire ne pourront être assujettis à la présente loi par le fait de la collaboration accidentelle d'un ou plusieurs de leurs camarades.* »

Le principe est posé : si un accident survient à un ouvrier occupé dans l'industrie du bâtiment ou dans un chantier, dans son travail ou à l'occasion de son travail, l'employeur est responsable, à moins que cet ouvrier soit un journalier travaillant seul.

Ainsi donc le propriétaire ou le fermier qui va faire construire sur les propriétés qu'il possède ou dont il est tenancier, va, s'il se fait son propre entrepreneur, devenir responsable des accidents qui surviennent chez lui. Qu'il s'agisse d'une simple réparation ou d'une construction neuve, dès que cette condition de création d'un chantier va se trouver réalisée, la responsabilité commence. Bien entendu, si le chantier est un chantier purement agricole, il ne saurait en être de même ; le fait de réunir 5, 10 ou 20 ouvriers pour faucher un pré ou rentrer une récolte ne constitue pas un chantier, mais le propriétaire qui réunit 5, 10 ou 20 ouvriers pour leur faire réparer ses toitures ou ses charpentes, qui, sous sa propre direction, entreprend l'exploitation de bois de travail, encourt la responsabilité prévue par la loi de 1898.

Mais les divers cas qui peuvent se présenter ne sont pas toujours aussi simples qu'ils le paraissent au premier abord. Ainsi un propriétaire peut être appelé à embaucher un certain nombre d'ouvriers pour établir un draînage ou capter une source et la canaliser. Est-ce là un chantier agricole ? S'il ne s'agit d'établir un draînage que dans un but d'assainissement, il est bien évident que le chantier est un chantier purement agricole, mais s'il s'agit d'ouvrir des tranchées pour amener l'eau d'une source dans une cour ou dans des bâtiments il n'en est plus de même.

La question peut se poser pour l'exploitation d'une carrière. La solution est-elle la même pour l'exploitation d'une carrière de marne que pour celle d'une carrière de pierres ? n'y a-t-il pas encore une distinction à faire entre le cas où la marne ou la pierre sont exclusivement employées dans la propriété de celui où elles sont en totalité ou en partie extraites pour être vendues ? Ce sont là, messieurs, autant de questions que nous nous bornons à poser pour bien vous indiquer que la solution n'en est pas aussi simple qu'elle paraît l'être au premier examen, et pour vous démontrer que vous devez être excessivement prudents quand vous entreprenez dans vos propriétés des travaux dont la nature est douteuse.

Nous n'entrerons point, messieurs, dans l'examen de cette loi, ceci nous entraînerait trop loin et en dehors du cadre que vous nous avez tracé. Il vous suffit, en effet, de connaître le cas d'application de la loi, et, ce qui est tout aussi intéressant pour vous, de connaître les moyens que vous pouvez avoir de vous garantir contre ce risque professionnel ; c'est ce qui va faire l'objet de notre conclusion.

IV. — CONCLUSION

En présence de cette responsabilité générale que tout propriétaire peut, à un moment donné, encourir, en présence de celle également à laquelle l'agriculteur se trouve assujetti s'il possède un moteur inanimé, il est important de connaître, dans l'un et l'autre cas, les moyens que l'on peut employer pour s'en prémunir. Les compagnies d'assurances sont faites, allez-vous nous dire, précisément pour nous garantir non seulement du risque proprement dit, mais de tous les frais que l'évaluation de l'indemnité peut occasionner. Certainement, quand l'agriculteur possédera un moteur inanimé, la sagesse lui impose l'obligation de s'assurer à une compagnie sérieuse, et il y en a heureusement qui, moyennant une primé déterminée, prendra en cas de sinistre son fait et cause.

Mais aucune compagnie d'assurances ne voudra assurer un propriétaire contre le risque qu'il pourra encourir, s'il se fait entrepreneur momentané soit pour une construction, soit pour une réparation, soit pour l'exploitation d'un chantier, et cela se comprend facilement. L'indemnité à payer à l'ouvrier, victime de l'accident, est calculée sur le salaire moyen de cet ouvrier ; or, pour établir leur contrat, les compagnies d'assurances exigent, avec raison suivant nous, la production à des périodes déterminées des feuilles de paye des ouvriers. Comment le propriétaire, entrepreneur momentané, pourrait-il fournir l'évaluation nécessaire ? Il ne nous semble donc pas possible d'arriver, par un moyen pratique et suffisamment économique, à obtenir des sociétés d'assurances qu'elles assurent le propriétaire contre les risques de cette nature. Dans ces conditions, le propriétaire agira sagement en ne choisissant pas directement des ouvriers isolés pour les faire travailler sous sa propre direction. La prudence lui conseillera de donner ses travaux à faire à un ouvrier payant la patente d'entrepreneur, auquel cas le risque sera pour ce dernier seul.

Nous nous résumons, messieurs, en vous disant : Si vous ne possédez pas, dans vos exploitations, de moteurs inanimés, vous n'avez rien à craindre, les lois de 1898 et 1899 ne s'appliquent point à vous. Si vous employez des moteurs inanimés vous appartenant ou loués, et dirigés par vous ou vos serviteurs, assurez-vous. Enfin, si vous avez des travaux quelconques à faire dans vos bâtiments ou quelque chantier, autre qu'un chantier agricole, à établir, adressez-vous à une personne payant la patente d'entrepreneur. Par ces simples précautions vous échapperez aux conséquences du risque professionnel, et s'il arrive un accident chez vous sans qu'il y ait faute ou imprudence de votre part, vous n'aurez aucune responsabilité à encourir.

Moulins, le 25 Janvier 1901.

A. MÉPLAIN,
Bâtonnier de l'Ordre des Avocats
du Barreau de Moulins.

A. BONNETON,
Avocat
au Barreau de Moulins.